EL PRONÓSTICO DEL TIEMPO

RAYOS

Un libro de Las Raíces de Crabtree

I0795217

DOUGLAS BENDER

Traducción de Pablo de la Vega

Crabtree Publishing
crabtreebooks.com

Apoyos de la escuela a los hogares para cuidadores y maestros

Este libro ayuda a los niños en su desarrollo al permitirles practicar la lectura. Abajo están algunas preguntas guía para ayudar al lector a fortalecer sus habilidades de comprensión. En rojo hay algunas opciones de respuesta.

Antes de leer:

- ¿De qué pienso que trata este libro?
    - *Pienso que este libro es sobre los rayos y cómo se ven.*
    - *Pienso que este libro nos dice cómo se forman los rayos.*
- ¿Qué quiero aprender sobre este tema?
    - *Quiero aprender de dónde vienen los rayos.*
    - *Quiero aprender de qué están hechos los rayos.*

Durante la lectura:

- Me pregunto por qué...
    - *Me pregunto por qué los rayos golpean el suelo.*
    - *Me pregunto por qué los rayos se forman en las nubes.*
- ¿Qué he aprendido hasta ahora?
    - *Aprendí que los rayos se forman de hielo y aire.*
    - *Aprendí que los rayos son una forma de electricidad.*

Después de leer:

- ¿Qué detalles aprendí de este tema?
    - *Aprendí que la mayoría de los rayos se quedan en las nubes.*
    - *Aprendí que las tormentas eléctricas producen rayos.*
- Lee el libro una vez más y busca las palabras del vocabulario.
    - *Veo las palabras* ***tormentas eléctricas*** *en la página 4 y la palabra* ***nubes*** *en la página 7. Las demás palabras del vocabulario están en la página 14.*

¡Flash!

Estos son **rayos**.

La mayoría de los rayos aparecen durante las **tormentas eléctricas**.

5

Los rayos se forman con **hielo** y aire.

Los rayos se forman en las **nubes**.

Los rayos son una forma de **electricidad**.

La mayoría de los rayos se quedan en las nubes.

Algunos rayos llegan al suelo.

Lista de palabras

Palabras de uso común

al
algunos
con
de
en
estos
forman
la
las
los
se
son
una

Palabras para conocer

electricidad

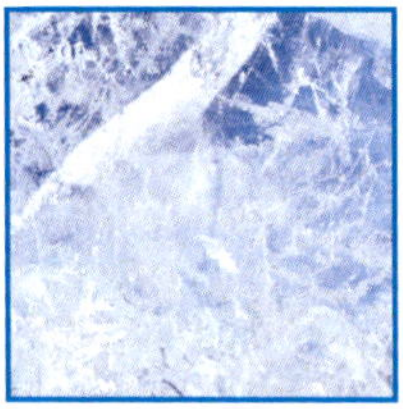
hielo

nubes

rayos

suelo

tormentas eléctricas

51 palabras

¡Flash! Estos son **rayos**.

La mayoría de los rayos aparecen durante las **tormentas eléctricas**.

Los rayos se forman con **hielo** y aire.

Los rayos se forman en las **nubes**.

Los rayos son una forma de **electricidad**.

La mayoría de los rayos se quedan en las nubes.

Algunos rayos llegan al **suelo**.

Written by: Douglas Bender
Designed by: Rhea Wallace
Series Development: James Earley
Proofreader: Janine Deschenes
Educational Consultant:
Marie Lemke M.Ed.
Translation to Spanish:
Pablo de la Vega
Spanish-language layout and proofread: Base Tres

EL PRONÓSTICO DEL TIEMPO

RAYOS

Photographs:
Shutterstock: MDL80: cover; DesiDrew Photography: p. 1; Kevin Pitcel: p. 3, 14; Tracy Keretesn: p. 4-5, 14; Serg Zastavkin: p. 6, 14; Cary Meltzer: p. 7, 14; sarintra chimphoolsuk: p. 9, 14; Frank L. Junior: p. 10; Dmytro Balkhovitin: p. 13

Crabtree Publishing

crabtreebooks.com 800-387-7650

Copyright © 2022 Crabtree Publishing

All rights reserved. No part of this publication may be reproduced, stored in a retrieval system or be transmitted in any form or by any means, electronic, mechanical, photocopying, recording, or otherwise, without the prior written permission of Crabtree Publishing Company.

In Canada: We acknowledge the financial support of the Government of Canada through the Canada Book Fund for our publishing activities.

Printed in Canada/072023/CPC20230728

Published in Canada
Crabtree Publishing
616 Welland Avenue
St. Catharines, Ontario
L2M 5V6

Published in the United States
Crabtree Publishing
347 Fifth Avenue
Suite 1402-145
New York, NY 10016

Hardcover	978-1-0396-1629-5
Paperback	978-1-0396-1635-6
Ebook (pdf)	978-1-0396-1641-7
Epub	978-1-0396-1647-9
Read-along	978-1-0396-1653-0
Audio book	978-1-0396-1659-2

Library and Archives Canada Cataloguing in Publication

Title: Rayos / Douglas Bender ; traducción de Pablo de la Vega.
Other titles: Lightning. Spanish
Names: Bender, Douglas, 1992- author. | Vega, Pablo de la, translator.
Description: Series statement: El pronóstico del tiempo | Translation of: Lightning. | "Un libro de las raíces de Crabtree". | Text in Spanish.
Identifiers: Canadiana (print) 20210230916 | Canadiana (ebook) 20210230924 | ISBN 9781039616295 (hardcover) | ISBN 9781039616356 (softcover) | ISBN 9781039616417 (HTML) | ISBN 9781039616479 (EPUB) | ISBN 9781039616530 (read-along ebook)
Subjects: LCSH: Lightning—Juvenile literature.
Classification: LCC QC966.5 .B4618 2022 | DDC j551.56/32—dc23

Library of Congress Cataloging-in-Publication Data

Names: Bender, Douglas, 1992- author. | Vega, Pablo de la, translator.
Title: Rayos / Douglas Bender ; traducción de Pablo de la Vega.
Other titles: Lightning. Spanish
Description: New York, NY : Crabtree Publishing Company, [2022] Series: El pronóstico del tiempo - un libro de las raíces de Crabtree | Includes index.
Identifiers: LCCN 2021024378 (print) | LCCN 2021024379 (ebook) | ISBN 9781039616295 (hardcover) | ISBN 9781039616356 (paperback) | ISBN 9781039616417 (ebook) | ISBN 9781039616479 (epub) | ISBN 9781039616530
Subjects: LCSH: Lightning--Juvenile literature. | Weather--Juvenile literature.
Classification: LCC QC966.5 .B4618 2022 (print) | LCC QC966.5 (ebook) | DDC 551.56/32--dc23
LC record available at https://lccn.loc.gov/2021024378
LC ebook record available at https://lccn.loc.gov/2021024379